養貓🐱前 vs. 貓🐱奴後

林小青 ◎ 繪

晨星出版

養貓前 vs. 貓奴後

養貓前 vs. 貓奴後

 **養貓前** **童話** / 像個公主般，享受無憂無慮的人生。

貓奴後 像個灰姑娘般，跪在地上幫愛貓收拾殘局。

貓奴
小知識

貓咪雖然是比較獨立的寵物，但還是必須要每天花時間照顧貓咪的生活起居，當然包括要整理貓咪的排泄物，避免長蟲與發出臭味！

 養貓前 餐點 / 跟男友享受甜蜜燭光晚餐的小確幸。

貓奴後　月底了！縮衣節食只為了給貓吃得飽。

貓奴
小知識

貓咪的食物基本上可以分成乾食與濕食，每隻貓大約每個月要吃 1 至 1.5 公斤乾飼料，平均售價是 200 元 / 公斤，而濕食則以罐頭為主，平均是 30 元 / 罐，每餐為一份罐頭。

肌膚 / 全部的心思用來呵護人人
稱羨的光滑肌膚。

貓奴後　默默忍受貓貓的暴力行為而傷痕累累。

貓奴
小知識

貓咪若是幼年期沒有和兄弟姊妹相處遊戲的經驗，長大後很可能會不知道跟人遊戲時的力道。除了要給貓咪充足的社會化經驗外，也要記得別把手當成貓咪的玩具唷！

 養貓前 購物 / 對專櫃精品失心瘋，花錢
刷卡毫不手軟。

貓奴後 對貓貓的產品失心瘋，想全部帶回家。

貓奴
小知識

每隻貓每月的平均花費大約在三至五千元之間，主要是花費於貓食、貓砂等耗材上，唯一比較難掌握的是生病的治療費用，與飼主一時失心瘋買的貓咪用品。

養貓前

衣服／ 注重自己的儀容，讓自己
保持最佳狀態。

貓奴後　身上貓毛一推，東西全數被貓貓蹂躪過。

貓奴
小知識

貓咪若是會啃咬、吸吮毛製品或塑膠袋等平日不會吃食的物品時要特別注意，有可能是「異食癖」的徵兆。若不小心誤食這些東西可能會引起腸阻塞或窒息等危險。

衣著 / 不管是什麼款式或色彩的衣服都會嘗試！

17

貓奴後　基本上對衣服色系的選擇跟愛貓的毛色差不多。

貓奴
小知識　三色公貓很稀有，因為公貓的染色體是 XY，母貓是 XX，而咖啡色與黑色毛的遺傳基因屬於不同的 X 染色體，一般公貓只有一個 X 染色體，三色公貓則是罕見的 XXY 染色體。

養貓前　男友 / 跟男友甜甜蜜蜜說著貓貓語，沈溺在兩人世界。

貓奴後 男友完全被貓貓們收買，把你冷落在一旁。

貓奴
小知識

比起男性，貓咪偏向親近女性，因為女性的聲音較高，跟小貓的叫聲十分類似。但是有些貓因為曾經被女性發出的尖叫聲驚嚇到，而比較喜歡跟男性親近。

養貓前 擺設 / 臥房是私人天地，乾淨整
潔，東西排放井然有序。

貓奴後 臥房變成貓貓小天地，四處都是貓貓的小玩意。

貓奴 小知識 貓咪的地域觀念其實很廣，只要是牠能到達的地方都能算是其地域範圍內。因此要注意避免家貓脫逃到屋外，以免貓咪會時常想方設法逃家去巡視自己的地域範圍。

養貓前 攝影 / 相機拍的都是美食、旅行
和男友生活紀念照。

貓奴後 相機記錄的都是跟貓貓的合照和生活點滴照。

貓奴
小知識

幫貓咪拍照時，建議以與貓咪同視角的高度拍攝為佳，貓咪的表情會更加清晰生動。若是照片會因為手震或來不及對焦而模糊，善用腳架與調快快門速度能有效改善。

養貓前 電視／完全沈溺在電視劇情裡，
隨著劇情感動流淚。

貓奴後　貓貓老是擋在你與電視機之間，破壞看電視劇的感情培養！

貓奴
小知識

電視每秒會有 30 格左右的畫面移動，用人類的眼睛來看十分流暢，但是貓咪的動態勢力優秀，電視所撥放的影像對貓咪來說會有「卡卡」的感覺，不夠流暢。

養貓前　電腦 ╱ 玩著線上遊戲與電腦合為一體，專心的殺怪。

貓奴後 貓貓們無所不用其極的搞亂你玩遊戲的心情。

貓奴
小知識

常有人抱怨貓咪都在自己忙著用電腦時來打擾，其實是因為飼主在使用電腦時都不太活動，貓咪會以為飼主很閒而靠過來想看看你在做什麼？並不是故意要打擾你喔！

養貓前 書桌／隨性、不修邊幅的書桌，
堆放各式各樣的物品。

貓奴後 桌面收拾乾乾淨淨只為給貓貓良好的休息空間，也避免東西掉落桌面摔壞。

貓奴小知識 | 貓咪喜歡在高處活動，對貓咪來講，看到的東西都是玩具，因此會對這些東西動手動腳，或是撥弄後使其摔到地上，因此對於被破壞會造成困擾的東西請妥善收好。

貓咪愛接東西!?

貓咪有時摔東西是為了引起主人的注意，
所以貓奴們花個五分鐘好好陪貓咪們玩遊戲吧！

養貓前　閱讀／閱讀方面喜好文情小說，對感情劇情著迷。

 貓奴後 開始習慣大量閱讀跟貓貓有關的書籍,學習各種相關知識。

貓奴
小知識

根據統計,貓咪飼主比其他寵物飼主還喜歡閱讀。或許因為養貓的飼主較喜歡靜態的活動,加上在閱讀時不太活動,容易吸引好奇的貓咪靠近陪伴,是貓奴們的幸福。

養貓前 盆栽 / 細心呵護著多肉植物盆栽，打造多肉小天地。

貓奴後 一不注意，家裡的盆栽就被貓貓們攻擊，欲哭無淚。

**貓奴
小知識** │ 並不是所有的貓咪都會對木天蓼有醉酒反應。其實大概有七成的貓咪對木天蓼都不太會有反應出現，所以沒有反應也別擔心。另外有些貓咪也會對奇異果有反應。

養貓前　指甲 / 花時間和金錢光療指甲，
　　　　　　　　讓指甲永遠美美的。

 花時間和金錢請專人處理貓咪的趾甲問題。

貓奴
小知識

如果貓咪在剪趾甲時會劇烈掙扎的話，可以試著用網格較大的洗衣袋把貓咪裝起來，在洗衣袋中的貓咪會比較冷靜，飼主就可以透過洗衣袋的網格幫貓咪修剪趾甲。

養貓前 玄關 / 玄關排列井然有序，包包、鞋子都收納整齊。

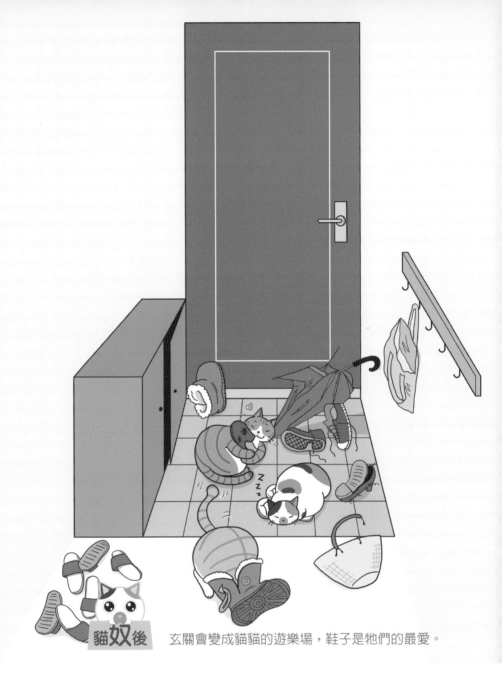

玄關會變成貓貓的遊樂場，鞋子是牠們的最愛。

貓奴
小知識

貓咪對於人類氣味較為濃厚的地方與物品都很有興趣，特別是人類替換下來的鞋襪。有學者猜測可能是因為這種味道跟貓咪的費洛蒙氣味很相似，才會特別吸引貓咪。

養貓前 廁所 / 上廁所解放時，自在地看
著報紙哈哈大笑。

貓奴後 上廁所時，貓貓好奇地看著我：為啥不用貓砂？

貓奴
小知識

因為一般人上廁所時會關上門並待在廁所一段時間後才出來，這個神祕的行為會激起貓咪的好奇心，想要知道飼主到底躲在這個小房間做什麼，才會想跟進廁所瞧瞧。

養貓前 打掃／每週一次，悠悠哉哉的來回打掃家裡的環境。

都是貓毛

盯　盯

貓奴後

三不五時就得認命的跪在地板上，仔細檢查地板上的細毛。

貓奴
小知識

常有人會說自己對貓毛過敏，事實上過敏原應該是一種存在於貓的脂肪腺中的蛋白質，會附著在貓咪皮膚產生的皮屑或廢毛上。勤於清潔家裡能有效降低過敏發生。

養**貓**前　遊戲／沒事時，玩線上遊戲、玩手機打發空閒時間。

貓奴後　把全部的時間留給貓貓們，生活多了小火花。

貓奴
小知識

適當地和貓咪遊戲能活動眼睛與身體，放鬆緊繃的肌肉與促進血液循環，也能使人類的情緒穩定，減低憂鬱與躁鬱等精神疾病的發生。特別適合低頭族們參考。

養貓前 百葉窗 / 閑靜的午後,依靠著窗邊
享受午後悠閒時光。

貓貓總是搶先一步霸佔窗台，更是百葉窗殺手。

貓奴
小知識

有些貓咪很喜歡在窗邊活動，因為外面的世界有很多能吸引貓咪目光的東西，有時候還會聽到貓咪發出「喀嚓喀嚓」的磨牙聲，這是貓咪發現獵物卻又抓不到的咬牙聲。

貓奴後 春天是貓咪換毛季節，嘴裡不時會吃到貓毛。

貓奴
小知識

為了因應夏天的炎熱與冬天的嚴寒，貓咪會在春秋兩季開始換毛。夏天時毛量比較清爽，冬天時比較厚實。這段期間要記得特別幫貓咪梳毛，避免毛球症發生唷！

 養貓前 ● 夏天 / 夏天時，吃著西瓜獨自享
受一個人的電風扇。

熱~

貓奴後　貓咪每次都自動霸佔著最涼爽的地方。

貓奴
小知識

貓咪其實不耐酷熱與高濕的環境，能在夏天開空調是最好，不然也要善用電風扇與涼墊等物品協助通風降溫。熱衰竭是貓咪夏天常見疾病，致死率很高，要特別注意。

養貓前 秋天 / 中秋節歡樂吃著柚子，賞花、賞月、賞嫦娥。

貓薄荷

貓草

小魚乾

貓奴後

中秋節會想要與貓咪們分享過節的喜悅，製作貓貓
也可以吃的小點心。

貓奴
小知識

幫貓咪手作鮮食時，必須要注意營養的均衡搭配，並注意控
制鹽分的添加。貓咪是肉食性動物，不能只吃素食，飼主只
提供素食造成貓咪營養不良而死亡的案例很多。

養貓前　冬天 / 冬天時，喝熱茶、包暖毯，
卻不停地打冷顫。

 貓奴後　貓貓們自動地變成暖暖包，溫暖你整個冬天。

貓奴
小知識 ｜ 貓咪的體溫比人類略高，大約是 38 至 39 度左右。除了幼貓與高齡貓外，冬天可以提供毯子與加熱墊，讓貓咪自行依照自己的狀況選擇涼爽或溫暖的地方休息。

養貓前 網購 / 上網購物時，心裡的小惡魔誘惑我購買商品。

貓奴後 大多數的上網時間都在挑選特惠貓咪商品。

貓奴 小知識 網路購物大多都會比實體店便宜，但消費糾紛也很多。建議付款前多瀏覽其他人的評價，計算加上運費和稅後的總價，並多加比較，才不容易發生消費糾紛。

養貓前 聊天 / 與朋友聚會的話題大多都是
八卦新聞與沒主題的對話。

貓奴後 朋友聚會變成貓咪聚會，離不開貓咪話題。

貓奴
小知識

貓咪在出生後約三至九週齡進入所謂的社會化時期，讓貓咪在這段時間有豐富的社會經驗很重要，這樣在成貓之後較能適應人類社會，問題行為的發生率也能減少。

寵物 / 深情款款地看著飼養的寵物，
享受牠們帶來的療癒感。

貓貓也會時常深情款款地看著其他寵物，不知道在想什麼！

**貓奴
小知識**

在貓咪社會化期若是有和其他動物遊戲的經驗，之後貓咪會比較能接受和這些動物共處一室的情形。不過還是要建議像是貓咪、魚、鳥類等小動物務必與貓咪分房飼養。

養貓前 上班 / 上班時，總是睡到最後一秒，急急忙忙、忘東忘西手忙腳亂。

躡手躡腳

貓奴後　會提早爬起來，輕手輕腳怕吵醒熟睡的貓咪。

貓奴
小知識

貓咪屬於夜行性動物，成貓每天需要的睡眠時間大約是十六個小時左右，幼貓大約是二十個小時。不過事實上貓咪的睡眠很淺，實際熟睡的時間大概只有四到六小時。

養貓前 下班 / 經過一天的辛苦工作回家後，玄關總是冷冷清清的。

貓奴後 回家時，貓貓們熱情地迎接剛回到家門的你。

**貓奴
小知識** | 貓咪的耳朵很靈敏，能聽到人類聽不到的細微腳步聲，並分辨出是誰的腳步聲，因此飼主回家時常常能看到愛貓在門口坐著等著迎接飼主回家，這也是貓奴的小確幸。

貓咪的療癒

我相信貓咪是非常窩心的動物，
他會感受主人的心情，貼心的在旁守候。

養貓前 鬧鐘 / 設定了 3~4 個鬧鐘還是叫不醒賴在床上的自己。

早餐時間一到，貓貓們齊心合力叫主人起床。

貓奴
小知識

貓咪是夜行性動物，凌晨差不多是貓咪玩餓了想睡覺的時間。
貓咪是可以配合人類作息生活的，只要將貓咪的餵食時間固
定在飼主出門前，貓咪就不太會吵你了。

聚會 / 下班後，跟朋友在居酒屋
喝著啤酒歡樂聚餐。

 貓奴後 假日時，與貓友們在貓咪餐廳互相交流心得。

貓奴
小知識 | 很多飼主都很喜歡帶自己的貓咪去參加貓聚與其他貓奴們交流，可是建議幼貓或是還沒打完疫苗與結紮的貓咪先不要帶到這一類公共場合，避免貓咪被傳染疾病。

養貓前 音樂 / 沈溺在流行音樂中，完全徜徉在音樂的世界。

貓奴後 被耳邊此起彼落的貓呼嚕嚕聲給深深吸引。

貓奴小知識 | 有研究顯示，貓咪呼嚕呼嚕聲的頻率約介於 20~120 赫茲之間，現在醫學上也會使用這個區段的頻率做疾病的治療，用於改善血液循環、促進肌肉收縮、消除疲勞等。

 養貓前 按摩 ╱ 享受 spa 氛圍，抒解壓力
讓身心放鬆。

 貓奴後 貓貓們賣力地按摩，讓你舒緩一天的壓力。

貓奴
小知識

貓咪的「搓揉」動作，是來自於幼貓時期搓揉母貓乳房以幫助母貓排乳的記憶而來。這時候是幸福的，所以長大後也會不時這樣搓揉軟綿綿的物品，沉浸在幸福感裡。

養貓前 除蟲 ／ 使用各式各樣的殺蟑工具
來消滅蟑螂。

貓奴後 自從養了貓之後，家中蟑螂出現的機率普遍降低了！

貓奴
小知識

蟑螂的體型與快速的動作在貓咪眼中根本就是超適合追捕的獵物。雖然蟑螂本身沒有毒，但卻帶有各種致病細菌，誤食可能會造成感染，引起各種疾病與症狀。

養貓前 驚嚇 / 每一次即使拿著全套殺蟑工具，還是會被嚇的躲到牆角。

貓奴後 雖然蟑螂出沒變少了，但是驚恐度更加倍了！

貓奴
小知識

除了蟑螂之外，蒼蠅、蜘蛛、老鼠等也是貓咪會獵捕的動物。
這些小動物通常也是病原體的媒介，務必避免貓咪吃下肚，
隨時注意用其他的食物交換貓咪口中的小動物。

養貓前 勇敢 / 高分貝尖叫著，指使男友
消滅眼前的蟑螂。

貓奴後　為了貓咪，就算直接用手拿蟑螂也不會猶豫！

貓奴
小知識｜貓咪的狩獵對象通常是比自己身形還嬌小的各種小動物，在獵捕時貓咪會蹲低身體，左右搖擺身體調整姿勢，然後瞬間撲出去抓住獵物，動作流暢，是非常優秀的獵人。

配件 / 包包裡裝著各種款式的化
妝包、零錢包等。

貓奴後 包包裡充滿著各式各樣的貓貓周邊商品。

**貓奴
小知識** 古埃及將貓咪當成神明崇拜,當古埃及軍與波斯軍作戰時,
波斯軍看準了古埃及軍不敢傷害貓咪,因此將貓咪當作盾牌
來打仗,成功贏得了這場戰役的勝利。

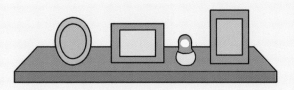

養貓前 家具／ 精心呵護家具讓家具保持
光鮮亮麗的外表。

貓爪巾

雙面膠帶

防爪噴劑

捆麻繩

貓奴後 防範貓貓們的強力破壞，加強家具防護措施。

貓奴小知識｜貓咪磨爪的行為除了能磨除老舊的趾甲之外，還能在物品上沾染自己的味道作記號宣示勢力範圍、消除壓力以及讓亢奮的情緒冷靜等等，是生活上不可或缺的行為！

養貓前 拍賣／ 為了大賣場的打折啤酒而瘋狂的大肆囤貨。

貓奴後 為了大賣場的打折貓砂而賣力的大肆購物。

貓奴
小知識

貓咪對貓砂的愛恨可是很分明的，若是有經濟上的考量必須
幫貓咪變更貓砂種類時，可以每次慢慢混和新砂到舊砂中使
用，用大約一個月的時間讓貓咪逐漸適應新砂。

貓奴後　扛著貓砂爬樓梯變成養貓人消耗脂肪的運動。

貓奴
小知識

貓咪每日所需的卡路里依照貓咪的個性與特徵都不一樣，網路上有貓咪每日所需的卡路里計算機可以給飼主參考。

http://www.vets.ne.jp/cal/mobile/cat.html

養貓前 禮物 / 收到男朋友的情人節花束，開心雀躍不已。

貓奴後 面對貓貓的愛心禮物，驚嚇的不知從何下手。

貓奴 小知識	貓咪送禮也有人稱為貓的報恩。有研究顯示，貓咪送禮的原因其實是因為貓咪看人類都不知道怎麼獵食，覺得人類可能會餓死，因此特別示範狩獵的技巧給人類學習。

養貓前　對話／ 滔滔不絕地連珠炮對話，
訴說一整天的瑣事。

喋喋不休地抱著貓貓問話，每個句尾都要疊字。

貓奴小知識

貓咪最有反應的聲音頻率大約是 2000 至 6000 赫茲，相當於人類的高音，人類的潛意識注意到貓咪對高音比較有反應，所以有時會不自覺的用比較高的音調跟貓咪講話。

養貓前 變態 / 到朋友家，愛不釋手的抱著朋友家的貓咪玩。

貓奴後 到朋友家，看見每隻貓咪都有抱回家的衝動。

貓奴
小知識

抱貓咪的祕訣是要讓貓產生安全感，因此要將貓咪的身體貼著自己，另一隻手要托住臀部。和狗狗不一樣，當貓咪大力搖動尾巴代表牠感到不耐煩，請馬上讓牠下來。

養貓前 午睡 / 悠閒的中午時間，躺在沙
發上午睡。

好重哦！

貓奴後　每當午睡時，都會成為貓貓們的睡墊。

貓奴
小知識

貓咪也會做夢喔！因為貓咪睡覺時幾乎都是處於雷姆睡眠時間，非雷姆睡眠時間比較短。而雷姆睡眠時間的夢境刺激比較大，所以有的貓咪還會說夢話，甚至抽動身體！

養貓前 雷射筆 ／ 在台上專業報告著業績，
流利的操控雷射筆。

雷射筆的使用功力更上一層樓，還有多種使用變化。

**貓奴
小知識**

貓咪對雷射筆的光點非常有興趣，不過因為光點沒有實體，所以撲抓不到，很多貓咪無法從獵捕光點中取得成就感，進而影響到貓咪心理狀態，建議避免使用雷射筆。

養貓前 衛生紙 / 廚房總是乾乾淨淨一塵不染，
物品也都擺放整齊有秩序。

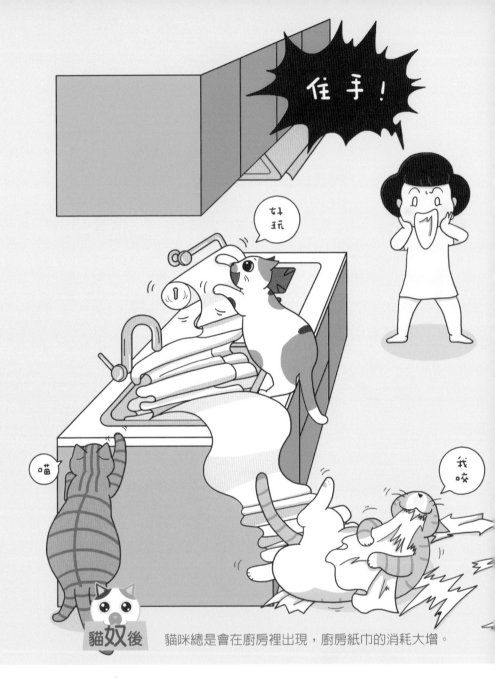

貓奴後 貓咪總是會在廚房裡出現，廚房紙巾的消耗大增。

貓奴
小知識

對貓咪來說家中最危險的地方是廚房，有火、刀具與易碎的碗盤。其次是家中的洗衣機，沒注意到貓咪躲在裡面就洗衣服的意外很多。第三是陽台，會有掉落的危險。

102

 養貓前 紙箱 / 拿紙箱來做簡單的收納、歸類工作。

貓奴後　參考書籍 DIY 製作精美紙箱屋給貓貓們。

貓奴
小知識

有人戲稱貓咪是液體，因為多狹窄多奇怪的地方貓咪都能躲進去。這是因為貓咪喜歡能把塞滿自己的空間，可以帶給貓咪安全感並阻擋敵人進入，即使空間很小也沒關係。

養貓前 坐姿 / 就是要沒骨頭，大剌剌的
霸佔整個沙發！

沙發大部分的空間都是貓咪的，還會因為貓咪待在身上而不敢亂動。

貓奴小知識

大爺坐姿在遇到危險時無法馬上反應，非常不符合貓咪的習性，大多是家貓在對環境非常放心時才會出現的坐姿。不過像折耳貓也會因為先天疾病而出現這種坐姿。

從貓咪坐姿，
看心·情。

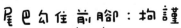

尾巴勾住前腳：拘謹

折小手坐姿：放鬆

企鵝式坐姿：超級放鬆！

大爺式坐姿：不知鬆到那了！！！

貓咪的坐姿代表當時的情緒，
好好觀察貓咪的坐姿就能了解牠們的心情喔！

去衣櫃

去倒垃圾

去喝咖啡

去洗澡

養貓前　行走／自由地穿梭行走，絲毫沒有阻礙。

貓奴後　迂迴地閃過貓咪，還要時時注意地上的貓兒。

貓奴
小知識

對貓咪來講，直線是最好的移動方式。這是因為貓咪的運動能力很優秀，攀爬跳躍都沒問題。特別是牠們的尾巴能快速修正身體的平衡感，因此行走時會不斷擺動尾巴。

貓奴
小知識

貓咪喜歡高處，位置愈高愈能讓牠們感到威嚴。因此當一群貓在一起時，較弱勢的貓會將高位讓給較強勢的貓。所以可以藉由牠們待在高塔的位置了解彼此間的關係。

怪癖 ／ 喜愛味道重的食物，對臭
豆腐情有獨鍾。

貓奴後 特別喜愛聞貓貓身上散發出的特殊味道。

貓奴
小知識

為什麼家貓一直到古埃及時代才開始被人類馴服呢？有一個說法是因為貓咪會排斥人類的體味，直到古埃及時代，人類開始使用香料遮蓋了體味，貓咪才願意親近人類。

養貓前　掛心 / 過多的業務，繁忙的工作和加不完的班。

貓奴後：下班時間一到，就歸心似箭的回家關心貓咪。

貓奴
小知識

國內有一個有趣的研究顯示，有養貓咪的飼主普遍工作效率比較好，因為下班時間差不多是家裡貓咪吃飯的時間，飼主為了趕緊回家照顧貓咪，加班的情況比較少。

養貓前 瘋狂／開心的和男友騎著機車夜
衝往阿里山看日出。

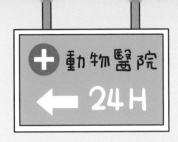

 貓奴後 擔心的和男友夜衝帶貓咪去動物醫院。

貓奴
小知識 | 飼養寵物的飼主一定要有至少兩個以上的醫院名單。第一是貓咪專屬的家庭醫師,離家近、收費透明、和飼主互動狀況好。第二是 24 小時的急診醫院,應急時使用。

One Day

養貓前 哭泣 / 看著電影劇情中的愛情故事而深陷其中流淚。

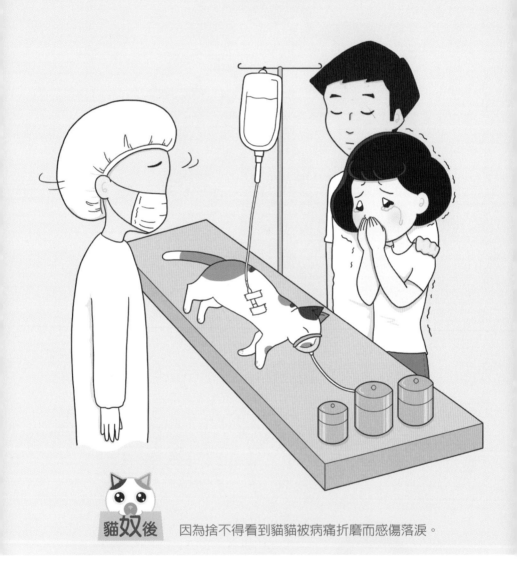

貓奴後 因為捨不得看到貓貓被病痛折磨而感傷落淚。

貓奴
小知識

貓咪的平均壽命依照街貓和家貓有所不同，街貓平均壽命約三至五年，家貓則是十四年左右。家貓最常見的死因是腎衰竭，因此飼主務必要確實注意愛貓的飲水狀況。

養貓前 離別 / 在機場，不捨的送別要打
工度假的友人。

謝謝你！
用一生來陪伴我。

881

貓奴
小知識

當貓咪離開後，飼主可以將貓咪的一生整理成冊，除了可以調適心情，緬懷愛貓之外，關於疾病與飼養的紀錄也可以分享給其他貓友，或是做為下一隻貓的飼育參考。

後記

謝謝大家看完這本書，
很高興能和大家分享關於貓奴的點點滴滴，
寵物是人類最貼心、也最忠實的夥伴，
在繪圖的過程中，
也思考我與我家貓貓的相處之道，
彼此都有在進一步的認識，
感情也變得更加的深厚，
多花點時間陪陪貓貓牠也會熱情地回應你，
愛牠就不要拋棄牠！

希望大家都找真心愛你的他（牠）。
祝：有情人終成眷屬！

國家圖書館出版品預行編目(CIP)資料

養貓前vs.貓奴後 ： 養貓後才知道被喵星人洗腦的貓奴有多幸福！
/ 李俊翰主編 ； 林小青繪.—初版.—臺中市：晨星,2015.03
　　面 ； 公分.— (Lifecare ; 5)
　ISBN 978-986-177-963-8(平裝)

　1.貓 2.通俗作品

437.36　　　　　　　　　　　　　　　　　　　103026850

LIFE CARE 05

作者	林 小 青
主編	李 俊 翰
美術設計	林 小 青
封面設計	林 小 青

創辦人	陳 銘 民
發行所	晨星出版有限公司
	台中市407工業區30路1號
	TEL:(04)23595820　　FAX:(04)23550581
	E-mail:service@morningstar.com.tw
	http://www.morningstar.com.tw
	行政院新聞局局版台業字第2500號
法律顧問	甘 龍 強 律師
初版	西元2015年03月1日
郵政劃撥	22326758（晨星出版有限公司）
讀者服務專線	04-23595819 # 230
印刷	啓呈印刷股份有限公司

定價 250 元
ISBN 978-986-177-963-8

Printed in Taiwan
Morningstar Publishing Inc.

2015年6月1日前，只要寄回回函，並跟我們分享你印象最深刻的養貓

前與貓奴後的改變，不論是親身經歷或強者你同學的經驗，就有機會

抽到由 貓手作 🐾 手工皂。 提供的手工皂禮盒一組唷！

我印象最深刻的養貓前與貓奴後的改變：

_____

_____

_____

_____

_____

（市價380元，限量五名）